PHOSPHORE ASSIMILABLE

(Propylamine et extrait de foie de Morue)

Le *Journal d'hygiène*, dans son numéro du 20 avril 1877, a déjà signalé que l'huile de foie de morue n'agissait pas seulement en tant que corps gras et comme aliment respiratoire. D'après le Dr Boillet, il faudrait rattacher ses propriétés à une forte proportion de propylamine, que les belles recherches de MM. Fargier-Lagrange et Dujardin-Beaumetz ont popularisée en France.

Il convient aujourd'hui de constater dans l'*Extractum hepatis morrhuæ* l'efficacité du phosphore, qui devient très assimilable sous cette forme, par suite de son mélange intime avec certains produits organiques complexes, entre autres les éléments actifs de la bile elle-même ; l'action du phosphore, dans ce cas, s'ajoutant à celle du principe volatil.

Les produits employés en médecine, lorsqu'ils sont à l'état pur, restent trop souvent inefficaces ; il n'est pas rare de constater qu'ils peuvent même être nuisibles. Leur assimilabilité, semble-t-il, est d'autant plus diminuée qu'ils sont plus isolés ; il faut leur faire subir, avant leur entrée dans l'économie, une sorte d'animalisation préalable qui permet à l'organisme de les absorber d'une manière facile et sûre. C'est dans ce sens, d'ailleurs, que Joulie a fait ses expériences, en prouvant d'une façon générale, et précisément au sujet du phosphore, que le degré d'assimilation dépendait du degré d'animalisation.

L'huile de foie de morue contient une quantité de phosphore que l'on a évaluée à 0,2 pour mille. C'est surtout à ce métalloïde qu'elle doit ses qualités, beaucoup plus qu'à l'iode, comme on l'a cru longtemps. Aussi toutes les huiles artificielles dont on a voulu faire des succédanés de l'huile de foie de morue, en y associant l'iode, n'ont-elles donné aucun résultat.

Le phosphore est un excitant énergique du système nerveux. Il est un des principes constituants du tissu des nerfs. Mais c'est surtout dans la partie solide des os du corps humain qu'il joue, sous forme de phosphate tricalcique, un rôle important. Il entre aussi dans la composition des dents.

Il n'y a que quelques années que les phosphates monocalciques et bicalciques reçoivent leur application en médecine ; de tout temps, cependant, l'agriculture employait les phosphates minéraux, qui sont attribués, comme origine, aux excréments pétrifiés ou coprolithes d'animaux fossiles.

Dans le foie des morues, le phosphore est associé à un principe qui échappa d'abord à l'analyse et qui appartient à la grande famille des ammoniaques composées. Chimiquement parlant, ce corps est formé d'une partie de propylène, carbure d'hydrogène spécial, et d'une partie d'ammoniaque.

(Cette association du phosphore au propylène est tellement intime, que le propylène conserve une odeur phosphorée évidente qui rappelle l'odeur de la marée.)

Cette ammoniaque composée (triméthylamine des foies de morue) se présente sous forme d'un liquide extrêmement volatil, d'une odeur pénétrante et forte. Cette odeur, analogue à celle de la saumure de harengs, se retrouve dans certaines plantes et dans tous les aliments propylamiques usités en Russie et dans les contrées du Nord.

Depuis longtemps les bons effets de l'huile de foie de morue, bien qu'on ne sût pas les expliquer, étaient parfaitement constatés ; et, tout en préconisant ce nouveau médicament, on cherchait les moyens d'atténuer le sérieux inconvénient que présente son administration aux malades. Car plus l'huile est impure, moins elle est débarrassée des produits qu'elle contient naturellement ; et lorsque, directement extraite du foie de morue, elle est ingérée sans passer par une épuration préalable, ses effets sont d'autant plus certains, ses résultats d'autant plus salutaires. Des médecins très autorisés pensent même qu'il n'y a que l'huile brune sur laquelle on puisse réellement compter.

Pour conserver à l'huile de foie de morue son efficacité et pour masquer sa saveur désagréable, on s'ingénia de mille façons à l'associer à des substances diverses, au quinquina, par exemple, à cause de son amertume et de sa valeur dans la tuberculose et autres affections de l'enfance. Dernièrement, on la mélangeait dans la proportion d'une cuillerée à bouche avec un jaune d'œuf; on aromatisait avec quelques gouttes d'alcool de menthe ; puis on y ajoutait un demi-verre d'eau et du sucre. Cette espèce de lait de poule, peu pratique, ne peut constituer qu'un médicament d'exception.

On administra aussi (Gaz. dos hop. milit. de Lisboa) l'huile de foie de morue au chloral dans les maladies scrofuleuses (huile de foie de morue, 19 [grammes ; hydrate de chloral, 1 gramme). Si, dans certains cas, cette préparation peut rendre quelques services, à coup sûr elle ne saurait être d'une administration facile.

Nous pourrions prolonger la liste de ces procédés qui ne furent que de vains efforts ; ils varièrent, mais la répugnance du malade resta la même.

Quelques-uns proposèrent encore de saponifier cette huile au moyen de la chaux, et d'en composer de la sorte un savon qu'on présenta sous la forme pilulaire. Si le médicament est moins répugnant, son efficacité se trouve détruite par la préparation.

Si l'on tâcha de masquer le mauvais goût de l'huile de morue, on essaya aussi de la falsifier. Des négociants peu scrupuleux l'ont frelatée avec des huiles végétales, auxquelles ils ont cru rendre toutes les véritables propriétés du médicament, en iodant artificiellement le produit.

La falsification par l'huile de cachalot est assez fréquente, mais facile à reconnaître.

Entre toutes, il est une manipulation qu'on doit déplorer

comme préjudiciable : c'est la décoloration que l'on fait trop fréquemment subir à l'huile de foie de morue, au moyen du charbon animal et de l'acide sulfurique (1).

En face de tous ces efforts, et, il faut le dire aussi, en présence de toutes ces erreurs, il y avait assurément place pour des essais nouveaux.

Donner une forme agréable, trouver un mode d'administration facile sous tous les rapports, à un remède sûr, mais qui possédait de réels inconvénients, tel est le problème qu'a, depuis longtemps déjà, résolu d'une façon heureuse M. Meynet, en donnant au *phosphore assimilable*, qu'il tire directement du foie des morues, l'apparence de dragées.

L'enveloppe sucrée contient, à l'état d'extrait, tout ce qui fait l'efficacité et la force de l'huile de foie de morue ordinaire.

Ce qui répugnait à la bouche, ce qui offensait l'odorat, mais ce qui reconstitue réellement l'économie d'un malade ou d'un enfant affaibli, en la réveillant comme par un coup de fouet physiologique, voilà ce qui a été conservé et voilà ce qui a été concentré.

Ces matières diverses qui proviennent du foie du poisson, la matière glycogène et la bile, ce sérum du sang, ce phosphore, ce chlore, ce brome, cet iode, aussi bien que la soude et les matières grasses acides, tout cela, associé à la propylamine ou triméthylamine, qui en constitue en quelque sorte la base, est intégralement renfermé dans chaque dragée.

Au sujet de la propylamine, il n'est pas inutile de rappeler rapidement quelques faits :

Un médecin des plus distingués, professeur de pathologie à l'Université de Kharkoff, avait été particulièrement séduit par ces pilules dragéifiées. M. de Kaleniczenko, convaincu de la valeur de ce produit pharmaceutique, avait tout d'abord obtenu son introduction en Russie.

---

(1) « L'huile de foie de morue incolore ne peut être obtenue que des foies hypertrophiés et graisseux des poissons malades pêchés à la côte ». (*Littré et Robin*).

Mis à même de juger ce qu'il y a de rationnel, comme régime, dans les habitudes des gens qui habitent les régions glaciales, il avait constaté combien l'huile de foie de morue leur est indispensable, d'abord comme aliment, ensuite comme excitant.

Il avait vu, chez les peuplades des zones polaires, aux jours de fête, les gens accroupis au foyer de leurs yurta, se passant de main en main et offrant à leurs invités le vase grossier plein d'huile de morue que l'on buvait à grands coups.

Cette boisson favorite leur donnait une force et une énergie nouvelles.

D'autres voyages lui permirent de constater chez des peuples différents, des mœurs analogues ; et voici comment il raconte, dans un remarquable travail qu'il fit sur la propylamine en 1870 (1), ce qu'il éprouva en présence des véritables montagnes de poissons que l'on pêche sur les rivages de la mer Caspienne :

« J'ai joui moi-même, dit-il, une fois dans ma vie de ce pittoresque tableau : c'était sur les bords de la mer d'Azof, à l'embouchure du Don ; sur une vaste étendue, à des hauteurs inouïes, étaient amoncelés les uns sur les autres, des milliards de poissons. J'étais émerveillé de cette prodigieuse fécondité de nos mers ; mais si l'intelligence reste confondue devant un tel spectacle, si l'œil ne peut se lasser de l'admirer, l'odorat brutalement impressionné par cette atmosphère de *propylamine* qu'on respire et qui pénètre hommes et choses, vous oblige bien vite à quitter ces parages. Ma visite dura moins d'une heure ; mes vêtements restèrent plusieurs jours infectés de cette âcre senteur. Les rybacy (marchands de poissons) en sont tellement imprégnés, qu'ils la portent constamment avec eux et qu'il leur est impossible de s'en débarrasser jamais. » Puis il ajoute que cette population qui se nourrit d'aliments dont l'assaisonnement, pour ainsi dire, est la propylamine, est très

(1) Note sur la propylamine et les produits organiques qui la contiennent ; huile et extrait de foie de morue. Paris, Baillière et fils, 1870. Une brochure in-8.

saine, très robuste, éminemment apte à ses rudes travaux.

Est-ce à cause de ces aits que les médecins russes ont l'habitude de prescrire aux personnes affaiblies ou atteintes de catarrhes chroniques, de tuberculose, de manger chaque jour, à jeun, de la laitance de harengs, ou du *caviar*, autre aliment propylamique, ou encore le balyk gras ? Tout porte à le croire.

Le règne végétal, comme le règne animal, contient des types riches en propylamine. Au premier rang il faut mettre la Vulvaire. D'autres Chénopodiacées présentent le même principe ; certaines plantes des tropiques exhalent avec intensité une senteur propylamique ; c'est surtout au moment de la floraison et pendant tout le temps que dure la fécondation, que l'on observe le dégagement de cette odeur nauséabonde.

Unir aux propriétés revivifiantes de la propylamine les qualités excitantes et reconstituantes de nos os du phosphore, tous deux associés et animalisés dans l'extrait de foie de morue, c'était fournir aux malades un médicament précieux et aux médecins une ressource qui n'était nullement à dédaigner.

Partout où l'huile de foie de morue trouve son emploi, on peut lui substituer, avec tous ses avantages, en évitant ses inconvénients, les dragées Meynet. Leur volume, qui est très réduit, permet de diriger facilement le régime des malades, d'augmenter ou d'amoindrir la proportion du remède.

La personne qui adopte ce régime reconstituant peut prendre deux dragées avant chacun des deux grands repas, une demi-heure avant de se mettre à table : elles développent un appétit de bon aloi, disposent l'estomac à une digestion facile, et assurent la régularité des selles. Ces selles, il faut le dire, sont modifiées dès le début du régime. Il semble, par leur coloration jaune, que la bile ait joué un rôle plus grand qu'à l'ordinaire dans la digestion intestinale. Quelques médecins pensent que l'action de ces dragées se fait particulièrement sentir sur la muqueuse de l'estomac ; à notre avis. il est plus exact de dire que ce sont les glandes du tube digestif tout entier qui sont excitées et mises en action immédiate. La facilité des selles, chez des personnes ordinairement constipées, prouve que la sécrétion du mucus intestinal est augmentée. Les dragées d'*extrait de foie de morue*, en réveillant ainsi des fonctions qui se faisaient d'une façon incomplète, équilibrent le tempérament des personnes sujettes à l'hypocondrie et aux affections nerveuses.

Dans les maladies du foie et de la rate, elles réussissent souvent. Dans la Goutte, par leur action directe sur le sang elles tendent à faire disparaître les matières tophacées qui s'accumulent autour des petites articulations. Dans ces cas il faut augmenter la dose (six à dix dragées par jour).

Mais là où le médicament a toute son action, c'est dans l'Anémie et dans la Chlorose. Un régime de quatre à six dragées par jour, avant les repas, produit les meilleurs effets et peu à peu fait disparaître les affections nerveuses qui accompagnent le plus souvent ces deux maladies.

Le Rachitisme, essentiellement caractérisé par la diminution des phosphates de l'économie humaine, trouvera dans l'extrait de foie de morue ou phosphore animalisé un spécifique approprié. Dans le même ordre d'idées, on donnera les grains Meynet (petites dragées) qui ont la même composition, aux jeunes enfants, au moment de la dentition et pour consolider leurs os. Si les nourrices étaient anémiques et pâles, il faudrait leur faire prendre les dragées dans leur intérêt, et surtout dans celui de l'enfant.

Dans les Bronchites chroniques qui donnent lieu à une expectoration considérable, huit dragées par jour, en quatre doses, modifient la sécrétion de la muqueuse pulmonaire.

A l'heure actuelle, où les spécialités tendent à se répandre de plus en plus dans le traitement des maladies, et à entrer dans le régime qu'on doit instituer, il ne nous a pas paru manquer d'à propos d'appeler l'attention sur les dragées et les grains Meynet, qui peuvent rendre des services réels.

(Extrait du Journal d'Hygiène, n° 194, 1880.)

« Nous voyons qu'elles (DRAGÉES MEYNET) sont composées d'un extrait concentré des eaux des foies de morues associé à du beurre de cacao ; elles contiennent les principes solubles de la bile, la matière glycogène du foie, des sels, chlorures, bromures, iodures, de l'acide phosphorique, une notable proportion de matières azotées, ammoniacales et enfin 3 0/0 de propylamine dont l'odeur est facilement reconnaissable dès que l'on écrase une de ces dragées ; en un mot, tous les principes médicamenteux des foies solubles dans l'eau, peu solubles au contraire dans l'huile, ce qui explique que l'huile de foie de morue n'en contient que des traces. »

(Dr CROLAS, *professeur de l'École de médecine de Lyon.*)

« Malgré les nombreux avantages que présente l'administration de l'huile de foie de morue, bien des personnes s'abstiennent d'en faire usage à cause de son odeur et de sa saveur désagréables. Nombre de procédés ont été inventés pour remédier à ces inconvénients et rendre l'ingestion plus facile, mais l'un des plus ingénieux et certainement le plus remarquable au point de vue de l'efficacité et de la facilité d'administration est celui qui consiste à renfermer sous forme de dragées sans odeur ni saveur l'extrait de foie de morue.

« De même nature et de même origine que l'huile dont il renferme tous les principes actifs, condensés en un petit volume, l'*extrait Meynet de foie de morue dragéifié* a sur celle-ci de nombreux avantages, sans avoir aucun de ses inconvénients. Ces dragées, d'une administration facile, malgré la proportion relativement énorme de propylamine qu'elles contiennent, ne provoquent ni dégoût, ni renvois ; on les prend au commencement ou avant les repas, à la dose de 4 à 6 par jour, et leur efficacité est incontestablement au moins égale à celle de l'huile de foie de morue ».

(*Progrès médical.*)

L'Académie de médecine de Paris, appelée à se prononcer sur la valeur thérapeutique de l'*Extrait de foie de morue*, a adopté, dans sa séance du 21 octobre 1862, le rapport favorable de la Commission nommée à cet effet dans son sein et composée de MM. Bouillaud, Poggiale et Devergie rapporteur.

On y lit que « l'Extrait contient une énorme proportion « de principes chimiques actifs médicamenteux en compa- « raison de celle si faible que possède l'huile » et que « si la « teneur de la composition chimique devait être la mesure « de la valeur médicinale comparée de l'huile et de l'Extrait « de foie de morue, on devrait admettre que 20 grammes « d'Extrait équivalent à 5 litres d'huile. » Plus loin, le rapport constate « que l'Extrait opère des effets généraux et « des résultats thérapeutiques du même genre que l'huile « de foie de morue, qu'il tend à augmenter l'assimilation et « qu'il améliore notablement l'état général des malades, « comme le fait l'huile. »

Nous donnons ici, en regard de l'analyse de l'Extrait de foie de morue, faite par le docteur Garreau, qui a servi de base au rapport de l'Académie, l'analyse de l'huile de foie de morue, faite par le docteur de Jongh.

EXTRAIT DE FOIE DE MORUE Analyse DU DOCTEUR GARREAU		HUILE DE FOIE DE MORUE Analyse DU DOCTEUR DE JONGH	
Ichthyoglycine	50.000	Acide gras et glycérine	95.967
Propylamine	2.545	Acide acétique, lactique et butyrique	120
Acides acétique, lactique et butyrique	6.000	Matière extractive indéterminée	318
Matière extractive indéterminée	10.620	Phosphore et acide phosphorique	118
Phosphore et acide phosphorique	2.090	Soufre et acide sulfurique	071
Soufre et Acide sulfurique	200	Iode	037
Iode	054	Chlore avec traces de Brome	149
Chlore avec traces de Brome	1.525	Soude	055
Soude	1.170	Magnésie	009
Magnésie	366	Chaux	152
Chaux	510	Eau et perte	3.009
Potasse	211		
Ammoniaque	2.862		
Eau et perte	21.847		
	100.000		100.000

De l'examen comparatif de ces deux tableaux, il ressort clairement que les proportions des principes, propylamine et phosphore, dont l'expérience nous a démontré le rôle si important dans les propriétés thérapeutiques de ces précieux médicaments, sont de beaucoup plus considérables dans l'Extrait que dans l'huile, même de la meilleure qualité.

Nous pouvons ajouter que, grâce aux perfectionnements introduits progressivement par nous dans la préparation de cet extrait, les proportions de ces deux principes essentiels, ainsi que le révèlent des analyses récentes faites avec beaucoup de soin, sont sensiblement plus élevées que dans l'analyse ci-dessus, et nous pouvons affirmer qu'une dragée Meynet d'extrait de foie de morue représente bien réellement les éléments actifs de deux cuillerées à bouche d'huile de foie de morue.

EXTRAIT MEYNET
DE FOIE DE MORUE PUR

DRAGÉES MEYNET (couleur chamois), une dragée équivaut à environ deux cuillerées à bouche d'huile de foie de morue.

Boîte ou flacon de 100 dragées : 3 francs.

Doses et mode d'emploi. — De 2 à 6 dragées et même 8 par jour en deux fois, une heure avant ou deux heures après le repas, ou mieux encore en mangeant, soit au commencement, soit au milieu du repas. Il faut les avaler comme des pilules. Quelques personnes préfèrent les prendre et même les croquer avec des confitures.

GRAINS MEYNET, cinq grains équivalent à environ une cuillerée à bouche d'huile, dix grains à une dragée Meynet.

La boîte : 3 francs.

Les **Grains Meynet**, petites dragées, du volume de l'anis sucré, destinées aux enfants sont faciles à doser, faciles à avaler, on peut au besoin les croquer.

VIN MEYNET. Ce vin, préparé avec un excellent vin d'Espagne, mérite la bienveillante attention de Messieurs les Médecins. Il convient surtout aux personnes qui ne peuvent avaler les pilules; sa saveur n'est pas désagréable ; on le prend de préférence au commencement des repas à la dose de 1 à 4 cuillerées par jour. Une cuillerée de ce vin remplace une dragée Meynet.

La bouteille : 3 fr. 50.

SIROP MEYNET, une cuillerée à café équivaut à environ une cuillerée à bouche d'huile.

Ce sirop est généralement conseillé aux tout jeunes enfants aux doses suivantes :

De la naissance à 1 an, 1/3 de cuillerée à café par jour, de 1 à 2 ans, 2/3 de cuillerée à café; de 2 à 5 ans, une à deux cuillerées à café.

Le flacon : 3 francs.

EXTRAIT MEYNET DE FOIE DE MORUE

ASSOCIÉ A DIVERS MÉDICAMENTS

SOUVENT PRESCRITS PAR LES MÉDECINS CONCURREMMENT
AVEC L'HUILE DE FOIE DE MORUE

« D'aussi remarquables succès me firent espérer que je trouverais dans cet agent thérapeutique un auxiliaire utile pour combattre plusieurs affections graves contre lesquelles la médecine est trop souvent impuissante. Possédant lui-même de réelles propriétés médicales dues à cet assemblage heureux de principes actifs déjà animalisés et de facile dissolution dans le suc gastrique, je songeais à utiliser cet extrait comme excipient et adjuvant de médicaments énergiques, et j'engageais M. Meynet à préparer, d'après mes indications, des *dragées* et des *grains d'extrait de foie de morue* associé aux médicaments suivants : **carbonate de fer, iodure de fer, iodure de potassium, iodure de fer et de quinine, protoïodure de mercure, quinine, hypophosphite de chaux, lait de soufre.** »

Dʳ J. DE KALENICZENKO,

(professeur de physiologie et de pathologie à l'Université de Kharkoff.)

Les prévisions du Dʳ de Kaleniczenko ont été réalisées. L'expérience démontre, en effet, que les médicaments ainsi associés à l'extrait de foie de morue sont plus facilement dissous dans les liquides de l'estomac et passent plus rapidement dans le torrent circulatoire. Tous les médecins savent que les sels de fer, par exemple, administrés sous les formes pharmaceutiques ordinaires, sont souvent mal supportés. Leur association à l'extrait de foie de morue permet de les faire prendre, sans aucun inconvénient, à doses même relativement élevées.

« M. Meynet, pharmacien distingué de Paris, qui, depuis longtemps, a signalé l'importance qu'on devait attribuer, dans la composition des huiles de foie de morue, à l'alcaloïde volatil découvert par Wertheim, et qui a préconisé auprès du corps médical, sous le nom de *Dragées Meynet d'extrait de foie de morue*, cet extrait si riche en propylamine, dont nous venons de parler, a eu l'heureuse idée de lui associer, sous cette même forme de dragées, divers médicaments souvent prescrits par les médecins, concurremment avec l'huile de foie de morue.

« De là, la création de diverses espèces de dragées d'extrait de foie de morue, dragées d'extrait ferrugineux, etc., qui, répondant à des indications multiples, prennent place à côté des *Dragées Meynet d'extrait de foie de morue pur*, plus spécialement destinées à remplacer l'huile dans tous les cas où celle-ci est indiquée.

« Mais, parmi ces diverses sortes, il en est une qui s'impose plus particulièrement à l'attention des médecins : nous voulons parler des *Dragées Meynet d'extrait de foie de morue et de metallum album* (acide arsénieux, un milligramme par dragée.)

« L'acide arsénieux est un agent thérapeutique de premier ordre dont les propriétés reconstituantes et fébrifuges ne font doute pour personne aujourd'hui ; son association était indiquée tout naturellement par la pratique journalière des médecins qui prescrivent fréquemment les arsénicaux en même temps que l'huile de foie de morue ; aussi les dragées dont nous parlons constituent-elles, sous une forme commode, un médicament des plus actifs et des plus efficaces qui a le double avantage de simplifier la médication et d'être facilement accepté par le malade.

« Déjà un grand nombre de praticiens éminents les prescrivent et en obtiennent d'excellents résultats ; nous ne doutons pas qu'elles soient bientôt adoptées par tous et classées parmi les agents les plus remarquables de la médication arsénicale. »　　　　　　　　　　　(*Progrès médical.*)

DRAGÉES MEYNET *au metallum album* (AsO³, un milligramme par pilule) et à l'extrait de foie de Morue (dragées argentées). Dose de 1 à 4 par jour.

100 *dragées :* **3** fr. **50**

Préparées d'après la formule (1) et sur la demande du Dʳ Bergier, médecin en chef du chemin de fer de l'Ouest, ces dragées sont à la fois plus efficaces et plus facilement tolérées que les autres préparations arsénicales. Elles ne sont délivrées que sur la prescription d'un médecin, et sous le nom de *Dragées Meynet au metallum album.*

Les Dragées Meynet d'extrait de foie de morue à l'acide arsénieux, dont nous venons de parler, représentent certainement le type le plus parfait de cette médication reconstituante arsénico-phosphorée dont parle le Dʳ Lescalmel dans le *Journal d'hygiène*, médication qui forme l'un des meilleurs moyens thérapeutiques à opposer à la phthisie pulmonaire, cette maladie « symptôme d'une vitalité affaiblie ; « expression de l'épuisement de la force nerveuse et de « la force vitale ; triste évidence d'une ruine commençante « de l'organisme. » (Dʳ de Pietra-Santa.)

DRAGÉES MEYNET

D'EXTRAIT DE FOIE DE MORUE

ASSOCIÉ A DIVERS MÉDICAMENTS

(Formules du professeur J. de Kaleniczenko)

Même mode d'emploi que pour les Dragées d'Extrait de foie de morue pur.

DRAGÉES MEYNET (dragées violettes) et **Grains Meynet** d'extrait de foie de morue *ferrugineux.* Dose de 2 à 8 par jour.

Boîte ou flacon, 100 *dragées :* **3** *francs.*

DRAGÉES MEYNET (dragées jaunes) et **Grains Meynet** d'extrait de foie de morue et de *Proto-iodure de fer* (0,05 par dragée). Dose de 1 à 4 par jour.

Boîte ou flacon, 100 *dragées :* **4** *francs.*

Médication tonique très active, sujets épuisés, leucorrhées, spermatorrhées, dysménorrhées et aménhorrées.

(1) Acide arsénieux (AsO³) un milligramme. Extrait de foie de morue Q. S. pour une pilule.

DRAGÉES MEYNET (dragées bleues) et **Grains Meynet** d'extrait de foie de morue et *d'iodure de fer et de quinine* (0,05 par dragée). Dose de 1 à 4 par jour.

Boîte ou flacon de 100 dragées, **4** fr.

Maladies du système nerveux, névroses, névralgies, migraine, hystérie, asthme nerveux, entéralgie.

DRAGÉES MEYNET (dragées roses) d'extrait de foie de morue et *d'iodure de potassium* (0,05 par dragée). Dose de 1 à 4 par jour.

Boîte ou flacon de 100 *dragées,* **3** fr. **50.**

Goître, engorgement des glandes, douleurs ostéocopes, affections rhumatismales.

DRAGÉES MEYNET (dragées blanches) d'extrait de foie de morue et de *quinine* (0,05 par dragée). Dose de 1 à 4 par jour.

Boîte ou flacon de 100 *dragées,* **5** fr.

Scrofule, phthisie, névroses des contrées marécageuses.

DRAGÉES MEYNET (dragées orangées) d'extrait de foie de morue et *d'hypophosphite de chaux* (0,05 par dragée.) Dose de 1 à 4 par jour.

Boîte ou flacon de 100 *dragées,* **4** fr.

Maladies tuberculeuses, ramollissement des os, etc.

DRAGÉES MEYNET (dragées de couleur café) d'extrait de foie de morue et de *lait de soufre* (0,10 par dragée). Dose de 4 à 8 par jour.

Boîte ou flacon de 100 *dragées,* **3** fr.

Bronchorrhées, catarrhes, maladies de la peau, hémorrhoïdes.

DRAGÉES MEYNET (dragées vertes) d'extrait de foie de morue et de *créosote de hêtre* (0,025 par dragée). Dose de 1 à 6 par jour.

Boîte ou flacon de 100 *dragées,* **4** fr.

Affections des voies respiratoires.

DRAGÉES MEYNET (dragées vert-clair) d'extrait de foie de morue et de *proto-iodure de mercure* (0,025 par pilule.) Dose de 1 à 4 par jour.

Boîte ou flacon **3** fr.

(Ces dragées sont remarquablement bien supportées par les constitutions les plus débiles.)

Nous croyons pouvoir rappeler ici qu'un certain nombre de Médecins, tout en prescrivant nos dragées Meynet ci-dessus formulées, conseillent à leurs malades de prendre de deux à trois cuillerées par jour, selon les cas, de notre *Vin Meynet d'extrait de foie de Morue pur.* Dosé à 20 centigr. d'extrait par cuillerée à bouche, ce vin préparé avec un vin d'Espagne d'excellente qualité remplace avantageusement les divers vins toniques, Banyuls, etc., vins de viande ou autres.

Nous sommes à la disposition de Messieurs les Médecins pour tous échantillons qu'ils pourraient désirer recevoir.

Nos dragées sont vendues en boîtes ou en flacons suivant demande; toutefois pour la France, nous expédions généralement en boîtes, réservant plus particulièrement les flacons pour l'exportation.

Marque de fabrique déposée à exiger sur l'étiquette-enveloppe de toutes nos boîtes ou flacons, ainsi que la signature « G. MEYNET », à l'encre bleue.

Détail. — Paris, pharmacie de l'Europe, 31, rue d'Amsterdam, et principales pharmacies de France et de l'Etranger.

Gros. — Paris, A. Fourny, 44, rue d'Amsterdam, et G. Meynet, 11, rue Gaillon.

DOCUMENTS A CONSULTER

Notes sur la propylamine et les produits organiques qui la contiennent, etc., par le docteur Jean de Kaleniczenko, professeur de physiologie et de pathologie à l'université de Kharkoff. (1 volume, chez J.-Baillère, éditeur à Paris.) — Thèse du docteur Fargier-Lagrange (Strasbourg, 1870). — Traité de la phthisie pulmonaire (Pietra Santa, pages 191 et suivantes). — Docteur Da Costa Alvarenga, professeur à l'école de médecine de Lisbonne. *La propylamine, la triméthylamine et leurs sels,* traduction du docteur Mauriac (de Bordeaux), 1879. — Journaux de médecine, *France médicale,* 18 avril 1870 ; *Echo médical belge,* mai 1870 ; *Gazette hebdomadaire,* 14 février 1873 ; *Mouvement médical,* 13 avril 1873 ; *Paris médical,* décembre 1875 ; etc.

Bar-le-Duc — Typ. L. PHILIPONA — 523.